曾铮 著/摄

自乐天地间

——野生动物摄影记

中 国 林 业 出 版 社

图书在版编目（CIP）数据

自乐天地间: 野生动物摄影记 / 曾铮著摄. —北京: 中国林业出版社，2016.1
ISBN 978-7-5038-8409-2

I. ①自… II. ①曾… III. ①野生动物－艺术摄影－中国－现代－摄影集 IV. ①P942.078-64

中国版本图书馆CIP数据核字(2016)第023920号

自乐天地间——野生动物摄影记

曾　铮　著/摄
封面题字：曾　铮
特约编辑：田　红
责任编辑：肖　静
设计制作：黄华强

出版：中国林业出版社（100009 北京西城区刘海胡同7 号）
E-mail：wildlife_cfph@163.com
电话：（010）83225764
印刷：北京雅昌艺术印刷有限公司
版次：2016年2月第1版
印次：2015年2月第1次
开本：300mm×230mm
印张：20
定价：199.00 元

晨雾中的大天鹅　山东荣成烟墩角　2008.02.16

最喜爱竹子　四川碧峰峡大熊猫基地　2010.07.08

序一

野生动物是生态系统中重要的组成因子。

生态系统是生态文明建设的重要基础。

保护野生动物的终极目标就是保护人类自己。

党的十八大把生态文明建设纳入国家五位一体的建设总体布局当中，并深刻指出：建设生态文明，是关系人民福祉、关乎民族未来的长远大计。面对资源约束趋紧、环境污染严重、生态系统退化的严峻形势，必须树立尊重自然、顺应自然、保护自然的生态文明理念，把生态文明建设放在突出地位，融入经济建设、政治建设、文化建设、社会建设各方面和全过程，努力建设美丽中国，实现中华民族永续发展。

党和国家高度重视野生动物保护工作，党和国家领导人多次对野生动物保护工作做出重要指示和批示。在国家林业局报送的《关于全国第四次大熊猫调查结果的报告》上，习近平总书记在批示中肯定了大熊猫调查工作的基础性作用，肯定了近年来大熊猫保护工作取得的新成效。同时指出，大熊猫保护面临的挑战依然严峻，明确要求进一步加强栖息地保护和恢复，加强科技攻关和人才培养，促进野生种群复壮，提升大熊猫保护管理水平。

我国是全球野生动物种类最丰富的国家之一，有脊椎动物近6588种（哺乳类607种、鸟类1332种、爬行类452种、两栖类335种、鱼类3862种），占世界脊椎动物种类的10%以上，其中大熊猫、朱鹮、金丝猴、华南虎、扬子鳄等上百种珍稀濒危野生动物为我国所特有。长期以来，我国在保护野生动物、保护栖息地、保护自然生态系统方面做了大量工作，也取得了很大的成绩，一些野生物种的种群濒危程度有所减轻，数量呈恢复性增长趋势，但野生动物保护现状与生态文明建设的要求还有很大差距，保护与恢复的形势依然严峻。

保护野生动物是全社会的共同责任，保护野生动物人人有责。曾铮先生的这本摄影画册，讲述了他从事野生动物摄影的艰辛历程和喜悦心情，诠释了从一个普通户外运动爱好者到业余摄影爱好者，到野生动物摄影爱好者，再到自然保护宣传教育者的升华过程，展示了一个有良知、有道德、有抱负的地球人，一个有觉悟、有理想、有追求的中国公民应该担当的责任，他把自己的晚年全部奉献给了野生动物保护事业，这种精神值得学习，令人尊敬与钦佩。为此，值此野生动物摄影画册即将出版之际，向曾铮先生表示衷心祝贺，愿曾铮先生的摄影画册得到大家的喜爱，同时也欢迎更多的有识之士积极投入到野生动植物保护的伟大事业中来，让我们共同努力，为美丽中国和生态文明建设做出我们每个人应有的贡献。

国 家 林 业 局

野生动植物保护与自然保护区管理司　司长

2015年9月8日

群鹤待日出　黑龙江扎龙自然保护区　2008.01.14

序二

耄耋老汉不停拍　保护生态献余热

与曾老相识整整十年有余。那时，我们正在筹建深圳市老年摄影学会。他在深圳的女儿那里住，因此成为了我会的创会会员。虽然他不在深圳常住，但是总是把我们的学会当作他晚年加入的一个重要组织。他也认为加入深圳市老年摄影学会让他由野生动物喜爱者一跃而成为野生动物摄影爱好者，直到耄耋之年一直是"高烧"不退，又由摄影爱好者进而成为保护野生动物和保护生态环境的积极宣传者。他因此增长了知识，广交了朋友，获得了健康和快乐。他投入了大量时间、精力、财力和物力，他觉得很值得，很有意义。他感受到这个过程的幸福！

这些年我没有见他老过！那份对摄影的热情，那精神劲头，一点都没消减！这十年里，他到北京各动物园拍狮、虎和各种动物而成为那里的常客；他守候在圆明园几十天，拍摄黑天鹅繁衍生育的整个过程；寒冬天气五次赴山东荣成拍大天鹅；三次北上扎龙，在零下30摄氏度捕捉丹顶鹤美丽的舞姿；为拍国宝大熊猫，多次去四川雅安和成都大熊猫基地；最得意的是他的大熊猫摄影展办到了上海世博会的大熊猫馆；更让人佩服的是，他居然在八十高龄之际远赴非洲肯尼亚，拍摄到大自然最壮观的动物世界；至于其他飞禽走兽，都成为他镜头下的猎物。

他将自己的作品制作成展板，在北京、上海、深圳、成都、荣成、秦皇岛等地的学校、社区、公园、部队进行展览。他只有一个理念：让人们保护野生动物，保护生态环境！因为千百万年来大自然形成的生物链由于人类的欲望无限膨胀而遭到破坏，地球上许多生物灭绝。常此下去，人类也必将遭到大自然的报复。曾老用手中的相机为武器，用他的作品影响更多的人，他要让更多的人投入到保护生态环境的活动中来。

为了拍摄到精彩的镜头和传播他的理念，他跌断过手，摔伤了腿；遭遇过饥寒交迫；有次还险遭车祸；大病未愈、伤痛及行动不便都不能让老先生停下来。这就是曾铮——一个铁骨铮铮的耄耋老人！

人活着为了什么？"名"不是追得来的，那是你为社会、为人类做出的贡献大小所得的评价；"利"只是你付出后所得到的物质回报。这些都会随着时间流逝而流失，身后没有哪样可以带走。唯一的意义是活着时认认真真做几件实事！曾老抱着理想和信念，他想世界更美好！他八十六岁了还那么积极进取、奋发向上。曾老以加入我们学会为荣，我们以有曾老这个榜样为傲。我们也期待老人家有更多的作品问世，也祝福他健康长寿！

张之光

深圳市老年摄影学会　会长

2015年5月2日

前言

我的原名是曾昭训，1930年1月17日生于山东省济宁市金乡县鸡黍镇石佛集一个农民家庭。早年因日本侵略中国，家乡沦陷，小学是在战乱中度过。1944年高小毕业后，正是日本对解放区进行疯狂大扫荡的时候，我们几个同学便报考了冀鲁豫边区湖西中学。1945年8月，日本投降，之后解放战争节节胜利。1949年6月，我报考了华东军政大学，踏入革命阵营。1950年8月，本科还未毕业，我被抽调到上海，组建第一代防空军，并被聘为连队文化教员。因在防空军六年中战备教学两不误，多次立功受奖，故于1956年8月抽调到北京解放军空军高级防空学校，任雷达探照灯专业电工和无线电教员。在校一年多，我边学边教，深感知识不足，希望能有机会再学习。1957年8月，我转业到北京邮电学院无线电系工作。1960年，我考取了本院高等函授无线电通讯专业，经过六年艰苦学习，取得了大学本科学历。

在北京邮电大学五十多年来，我在教学和科研工作中做出了积极的贡献，所在无线电系工作室和电子仪表车间都曾被评为先进单位，个人被评为先进工作者。

1990年离休后，我参加了原邮电部老干部登山队并担任北京邮电大

2006.10.19　摄于秦皇岛海滨

学老干部登山队队长，曾在国家体育总局、国家老龄委和中国登山协会组织的登山活动中被评为"登山明星"。1997年在登山活动中巧遇喜鹊登头，拍成视频，取名"香山鸟趣"，北京电视台曾播放十几次。这对我爱上野生动物摄影起到了一定作用。2005年6月在深圳参观了野生动物摄影家罗荣陶老师的野生动物摄影展后我受到了极大的鼓舞。自此，热爱野生动物摄影，十多年来一直"高烧不退"。

十多年来，我到过很多的自然保护区和野生动物园。2008年，三九天到东北扎龙拍摄丹顶鹤；2009年，去非洲的肯尼亚拍照；2014年，第三次去四川拍摄大熊猫……共拍摄了一百多种珍禽和猛兽的照片。经中国野生动物保护协会推荐，曾在北京、上海、深圳、成都等地学校、社区，还有解放军连队、敬老院举办摄影展20多次，受到中外观众的热烈欢迎。2014年在深圳市老年摄影学会帮助下，又制作了野生动物摄影集《为生命讴歌》，受到读者的赞扬。

我是中国野生动物保护协会资深会员，是深圳市老年摄影学会永久会员，是中国老摄影家协会会员，又成为卧龙大熊猫俱乐部终身荣誉会员，我衷心感谢大家对我的鼓励，我也非常高兴与大家分享我摄影的乐趣。

十几年来，我坚持不懈地拍摄野生动物，进一步认识到野生动物是人类的朋友——它们太可爱了，应当大力宣扬它们、歌颂它们、感谢它们，让人们都来保护它们，保护生态环境。我观察到野生动物在亲情、友情、爱情方面表现丰富多彩，有很多罕见而又有趣的故事。我在拍摄过程中也有些小故事，愿与大家分享！同时我也想向大家汇报一下，我这个老头十几年来经常早出晚归，南跑北奔都在想什么，干什么，干得又怎么样，还有哪些不足。现把历年拍摄的野生动物照片重新整理，挑选部分汇集成这部《自乐天地间——野生动物摄影记》，诚恳地欢迎大家提出宝贵意见！

愿更多的人都来保护野生动物，保护生态环境，为建设美丽中国多做贡献！

2015年10月3日

目录

东非野性

　　肯尼亚是世界著名的动物王国，它位于非洲东部，西邻坦桑尼亚，东南邻印度洋，东非大裂谷纵贯南北是人类发源地之一。肯尼亚国土面积582646平方公里，人口4180万人，首都内罗毕。肯尼亚是世界著名的旅游国家，有欧洲后花园的美称。每年最高气温20～26度，最低10～14度，所以一年四季都有大批游客前往游览。乞力马扎罗山是非洲大陆最高峰，位于赤道却常年积雪，因全球天气变暖积雪已逐渐减少了。肯尼亚有众多野生动物园和自然保护区，是众多野生动物的天堂。安博塞利国家公园，纳库鲁湖和马赛马拉保护区，还有非洲大裂谷，是旅游必去之地。这些地方聚集了最为剽悍的野生动物，有斑马、角马、狮子、犀牛、猎豹、鬣狗、羚羊、长颈鹿、狒狒、非洲象、河马等。鸟类就更多了，紫胸佛法僧是他们的国鸟，在纳库鲁湖有数百万只火烈鸟，远看一片粉红，所以纳库鲁湖也称红湖，真是名符其实的动物王国、观鸟天堂。

难忘的东非之行

2009年7月28日—8月10日

　　东非肯尼亚是世界著名的动物王国，过去从电视介绍，尤其听去过非洲的人介绍，那里很美，很吸引人，令我这个野生动物摄影爱好者"垂涎三尺"。2009年时年八旬的我，听说有一旅行社组团专赴非洲摄影采风。我当时在深圳，女儿知道我想去，怕我身体吃不消，找了去过东非摄影的朋友介绍情况并观看录像。我听了介绍和看到录像后更加决心去非洲了。女儿在深圳给我办好去非洲的一切手续，决定7月29日从广州起程去肯尼亚。我赶紧回京做准备工作，经过几天紧张备战，"长枪短炮"

都备齐了。估计此行需要半个多月才能返回，我把冰箱里的东西打扫干净，其中有半个西瓜边上有点坏了，切除坏的部分，把"好的"吃了，谁料到第二天就腹泻不止，且高烧不退。我怕了，赶紧去医院看急诊。我说明来意，大夫说只好吃药打针了。到了7月28日晚上8点半，腹泻虽止住，但是仍发烧到38.5度。我回到家中，只盼赶快退烧。一夜没睡好，体温在慢慢下降，早七点，体温降到37度了，到上午9点又好些了，高兴极了，我全副武装，带着"长枪短炮"，另加一支"机关枪"（JVCDV5000摄像机）就出发飞赴广州。晚上九点就登机直飞肯尼亚内罗毕。

　　从广州起飞，经过13个小时的长途飞行于次日上午到达肯尼亚内罗毕。非洲导游到机场迎接我们，办完手续后乘旅游车直奔马赛马拉自然保护

区。经过著名的东非大裂谷，进入无边无际的大草原，在尘土飞扬、高低不平的路上东奔西跑，寻找各种野生动物。

第一天，我们看到了成群的长颈鹿、非洲狮、小羚羊，还有非洲大象，真是叫人大开眼界啊！导游说这里是欧洲的后花园，欧洲游客多，亚洲人较少，又说来此旅游的八十多岁的老人很少见，八十多岁来摄影的就更罕见了，我听了感到很自豪。我们每天回到驻地，进门前得先打扫干净身上的灰尘，再擤掉鼻孔里的黑鼻涕。我们住的房屋后有条小河，河里有河马，院子里有猴子乱跑，晚上若不关好门窗，河马可能会光顾，白天猴子可能进屋抢东西吃，感觉真的有点紧张，但是很有趣。

十多天里我们到了纳库鲁湖等几个自然保护

区，在湖边可看到鬣狗在寻找机会捕食鸟类，在草原路旁也能看到狮子捕杀的角马，猎豹追捕羚羊；也曾看到狮子吃剩的猎物，秃鹫等鸟类围拢抢食；也常看到狮子在草丛中隐避着等待猎物，还可看到猎豹在山坡上瞭望。在坦桑尼亚和肯尼亚边界处有条马赛马拉河，每逢大批斑马和角马过河时，河里有鳄鱼等待捕捉，这是非常壮观的场面。遗憾的是角马过河的场景难得一见，我们去了两次，未能碰到。

我们在追逐寻找野生动物时紧张极了，常在野外简单地吃午饭，很有趣。同时我们也看到当地马赛族人民生活还很贫困，交通也不便利，小学校舍很简陋。看到他们在守护着地球上这片原始大陆，保护着这莽莽大地生存着的无数野生动物，真令人肃然起敬！

在肯尼亚十几天，看到各种野生动物生存的环境，它们神形兼备的姿态，我尽可能地都摄入镜头，同时我还摄录了3盘DV带，收获颇丰，不虚此行，终生难忘！

2009年8月，从东非肯尼亚回京后，激动的心情久久不能平静下来，我抓紧时间整理照片和视频，挑选了80多幅照片，冲洗放大。因又恰逢我80岁生日，故决定举办一次非洲之行摄影展。在离退休工作处和北邮老年摄影组同志们的大力支持鼓励下，很快展出，并受到亲朋好友和教职工及同学们的热烈欢迎，普遍反映说："都八十岁的老人了，还能到非洲照野生动物，真不简单啊！"

日出　肯尼亚纳库鲁湖国家公园　2009.07.26

角马和斑马群　肯尼亚马赛马拉国家公园　2009.07.23

火烈鸟群　肯尼亚纳库鲁湖国家公园　2009.09.27

鬣狗等待猎物　肯尼亚纳库鲁湖国家公园　2009.09.23

雄狮和雌狮　肯尼亚马赛马拉国家公园　2009.07.28

狮群享受猎物和休息　肯尼亚马赛马拉国家公园　2009.07.28

汤氏瞪羚　肯尼亚马赛马拉国家公园　2009.07.29

猎豹伺机捕猎　肯尼亚马赛马拉国家公园　2009.07.29

夜幕中的羚羊群　肯尼亚马赛马拉国家公园　2009.07.28

猎豹眺望远方　肯尼亚马赛马拉国家公园　2009.07.24

猎豹母子　肯尼亚马赛马拉国家公园　2009.07.28

（右）长颈鹿　肯尼亚马赛马拉国家公园　2009.09.28

疣猪　肯尼亚马赛马拉国家公园　2009.07.24

白犀牛　肯尼亚纳库鲁湖国家公园　2009.07.26

斑马在休息　肯尼亚马赛马拉国家公园　2009.07.28

斑马下河痛饮　肯尼亚马赛马拉国家公园　2009.07.28

鸵鸟　肯尼亚马赛马拉国家公园　2009.07.28

转角羚羊　肯尼亚马赛马拉国家公园　2009.07.28

驻地附近的猴子　肯尼亚马赛马拉国家公园　2009.07.28

獴　肯尼亚马赛马拉国家公园　2009.07.28

非洲象家庭　肯尼亚马赛马拉国家公园　2009.07.28

非洲象背影　肯尼亚马赛马拉国家公园　2009.07.28

狒狒母子　肯尼亚纳库鲁湖畔　2009.07.28

国宝熊猫

　　大熊猫是我们的国宝，是历经风风雨雨八百万年的活化石。在三千多年前西周初年《尚书》和以后在《蜀中小记》《峨眉山志》中都记载过大熊猫，那时称之为貔貅、花熊等。

　　大熊猫是大自然的精灵，生活在高山密林中，号称"竹林隐士"。大熊猫在野外是独居动物，它怕热不怕冷，爱吃竹子，尤其爱吃竹笋，也爱吃苹果等，偶尔还会吃些小动物，它的祖先还是食肉动物呢！在野外，年幼的大熊猫大约一岁半之前跟着妈妈生活，它们喜爱登高爬树，在树上可以躲避天敌。

　　现今大熊猫分布在四川、陕西、甘肃的高山森林中。2015年2月公布的全国大熊猫调查结果显示，全国野生大熊猫种群数量达到1864只。为了保护野生大熊猫的栖息地，我们国家建立了67处自然保护区。"四川大熊猫栖息地——卧龙、四姑娘山、夹金山脉" 2006年被列入世界自然遗产名录。成立于1983年的中国保护大熊猫研究中心是世界一流的大熊猫科研与自然保护教育基地，由卧龙、都江堰、雅安碧峰峡三个基地组成。1987年建立的成都大熊猫繁育研究基地，同样是世界著名的大熊猫研究机构。1963年9月9日北京动物园大熊猫"莉莉"，产下雄性幼仔"明明"，这是世界上第一例在圈养环境中出生的大熊猫。

　　大熊猫是最受人喜欢的中国名片，在亚运会、奥运会、世博会中尽显风采，传递出中国人民对世界的友好情谊。

初到大熊猫故乡

2010年7月5日-8月10日

2010年7月初,得知深圳市老年摄影学会野生动物摄影家,又是我的启蒙老师,罗荣陶老师,要回家乡四川拍大熊猫,我喜出望外,心想可不能错过这个良机,我赶快准备摄影器材,购买机票,于7月5日飞往成都与罗老师汇合。见面第二天,罗老师的老朋友把我们送到雅安碧峰峡大熊猫基地。当汽车进入深山,看到茂盛的竹林,听到山涧潺潺流水,想到就要见到可爱的大熊猫了,心情真是激动万分。

到了碧峰峡,基地领导对我们很热情,向我们介绍了基地的情况。我们首站选择熊猫幼儿园。啊!四五只大熊猫幼崽正在玩耍,一会打闹,一会仰面朝天吃竹笋,一会去戏水,一会儿互相追逐,一会儿又登高爬树,好像专门为游人表演似的,逗得大家一阵阵哈哈大笑,我不停地按动快门,拍摄下那些精彩的瞬间。

2008年汶川大地震后,卧龙大熊猫基地的大熊猫大部分都转移到碧峰峡了,分散在各个场馆。三天来我们早出晚归,从幼儿园到白熊坪,再到豹子山,真是大饱眼福,无数个难得的画面,大大丰富了我的宝库,真是不虚此行!

回到成都，我们又来到成都大熊猫繁育研究基地和成都动物园，拍了大量照片，国宝大熊猫憨态可鞠的形象，活泼可爱的身影，永远留在我脑海里。

2010年四川之行，我非常感谢罗荣陶老师能陪同我前往，更感谢罗老师鼓励指导我走上野生动物摄影之路。我们两位老人带着设备东奔西走，虽然很累，但很充实、很快乐。想到拍摄的照片以后能够分享给更多人，心里更是高兴。

难忘的四川之行

2013年4月25日—5月4日

我的大熊猫摄影展在上海世博会和在北京展出后，没想到观众如此喜爱，这也鼓励了我想拍摄更多、更美的大熊猫形象展现在广大观众面前。因此，2013年我决定再次前往大熊猫故乡四川拍摄，同时经四川大学李海岩老师介绍，在四川大学艺术学院举办大熊猫摄影展，这是我做梦都不敢想的啊。又适逢成都开展"爱鸟周"活动，故决定把鸟类摄影的展板同时带去展览。

我提前购买了4月24日的火车票。孰料正准备出发时，4月20日雅安发生了7.6级的强烈地震，孩子们和好友都关心地劝我不要去了。

虽然雅安余震不断，成都也有震感，经过仔细思考，我还是决定按计划前往。4月24日上午8点，我们带着100多块展板经过28个小时的长途行程到达成都。

四川大学在学校的青春广场为我的影展设置了海报。艺术学院的美术馆展厅又大又漂亮，同学们帮助布展，不少同学和老师前来参观。

影展览结束后，我又到成都大熊猫繁育研究基地和雅安碧峰峡基地拍摄了许多精彩镜头。通往雅安的山路上，"抗震救灾有你有我，熊猫家园依然美丽"的标语令我印象深刻。此行真是影展、采风双丰收，令人难忘啊！

第三次到四川

2014年6月15日－7月5日

　　我每次从电视上看到有关大熊猫的报道，都特别激动。2013年在四川除拍了大量精彩照片外，还用佳能5D摄录了三段视频，回放后大家都说不错。为能拍摄得更好，我2013年去香港时又买了索尼数码高清摄像机，准备摄录大熊猫更多、更好的视频，所以又决心第三次到四川大熊猫故乡。我把这一想法向中国野生动物保护协会和国家林业局野生动植物保护与自然保护区管理司作了汇报，得到有关领导的鼓励，并打电话给四川大熊猫基地领导。就这

样2014年6月，在我患带状疱疹8个月刚痊愈后，我和小张又出发了，直飞成都。第二天又去了成都大熊猫基地，受到基地管理人员的热情接待，还有饲养员李师傅的积极配合。我们每天早出晚归，进进出出，拍摄了不少照片，录了不少视频。

　　在成都拍摄了一周，我们又去了碧峰峡大熊猫基地，同样受到欢迎。我们作为志愿者进出很方便。我们整天在熊猫幼儿园、白熊坪和海归熊猫乐园来回转，发现、捕捉那些美好的镜头。我看到活泼的幼年熊猫和慢慢长大的"海外"大熊猫，真是可爱极了，因舍不得离开，常常因此误了班车，只好慢慢走回住地。那几天天气也作美，常常是夜里下大雨，白天半阴天。住地罗师傅很关心我们，每天给我们做可口的饭菜。卧龙大熊猫俱乐部给我们颁发了志愿者的证书，并授予我俱乐部终身荣誉会员称号，颁发了证书和证章，我感到十分高兴。

　　离开碧峰峡基地我们又到了都江堰大熊猫基地。这里是新建的基地，在青成山脚下，环境优美，新建的大熊猫场馆错落有序，熊猫欢快地生活在这里。我当然不会放过这一个个美好的瞬间，最后我们愉快地和大熊猫告别并合影留念。有趣的是大熊猫在合影时转过头来，好像对我说：再见啦！何时再来啊？

　　此行共半个多月，照了近两千幅照片，录了约50G的视频，可以说是满载而归！

我要上树 你别挡住我　四川成都大熊猫繁育基地　2013.04.28

大熊猫多可爱啊　四川碧峰峡大熊猫基地　2013.06.21

树上休息一会儿　四川成都大熊猫繁育基地　2013.04.28

世博会添精彩
上海世博会大熊猫馆
2010.11.02

给大家吹奏一段　四川碧峰峡大熊猫基地　2013.04.26

吃竹子　四川碧峰峡大熊猫基地　2010.07.24

新鲜的竹叶更好吃　四川碧峰峡大熊猫基地　2010.07.24

共进早餐　上海世博会大熊猫馆　2010.07.21

(右) 树上最自在　成都大熊猫繁育基地　2013.04.28

玩累了　上海世博会大熊猫馆　2010.07.08

集体喝牛奶　上海世博会大熊猫馆　2010.07.19

大雪过后　北京动物园大熊猫馆　2011.02.13

登高远望　北京动物园大熊猫馆　2012.12.17

大熊猫不怕冷　北京动物园大熊猫馆　2012.12.17

悄悄话　四川碧峰峡大熊猫基地　2014.06.20

表演绝活儿　四川碧峰峡大熊猫基地　2013.05.01

母子俩多么温馨　四川碧峰峡大熊猫基地　2013.04.28

我也能爬树　四川碧峰峡大熊猫基地　2014.06.20

瞭望　上海世博会大熊猫馆　2010.07.14

夕阳情深 黑龙江扎龙自然保护区 2011.06.29

扎龙仙鹤

丹顶鹤也叫仙鹤，是国家一级重点保护野生动物。自古以来丹顶鹤象征着幸福、吉祥、长寿、忠贞。据2010年估计全世界约有丹顶鹤1500多只，其中在中国约有1000只。丹顶鹤最大特征是头顶有一红冠，所以又叫红冠鹤。它主要是以鱼虾和其他水生动植物为食，它们边飞边跑边鸣唱，尤其在日出日落时夫唱妇随，引亢高歌，这时是摄影人最佳拍摄的瞬间。丹顶鹤体重在10千克左右，体长大约150厘米，它的巢很简陋，每窝产卵2枚，孵化期30～33天，寿命可达50～60年。它栖息在开阔平原、沼泽湖泊湿地，春秋两季更换两次羽毛。每年春季2～3月份陆续离开越冬地到达东北繁殖地，每年秋季9～10月份陆续飞离繁殖地到达南方越冬地。

黑龙江省齐齐哈尔市东南的扎龙湿地为国家级自然保护区，1992年被列为我国首批国际重要湿地，是著名的珍贵鸟禽自然保护区，被誉为鸟儿和水禽的天然乐园。这里有天鹅、鹭鸟等150多种珍禽，其中鹤类最多，全世界有15种鹤类，中国共有9种，扎龙就有6种。扎龙被誉为鹤乡，齐齐哈尔被称为鹤城。

扎龙自然保护区有圈养的丹顶鹤数百只，还有野生丹顶鹤一年四季留在保护区，扎龙还有丹顶鹤孵化室，所以一年四季都有大批游客前往参观游览，尤其吸引了广大摄影爱好者前往创作。

初到鹤乡扎龙

2007年8月10日—22日

鹤乡扎龙有位著名的摄影家王克举，他在扎龙筹建文化公园"梦鹤园"。为的是能给广大摄影爱好者提供一个良好的拍摄和观摩环境，也给后人留下一个鹤文化公园和教育基地。王老师是本地人，他常年多次进出扎龙自然保护区拍摄仙鹤，据说他两年多时间深入扎龙自然保护区有500多次，有时一天就进出两三次，拍了数万幅鹤的照片，并经常组织摄影爱好者前往创作。

2007年8月，我得知王克举老师又组织摄影爱好者前往拍仙鹤，高兴极了，抓紧时间准备好器材，便与孙女曾爱华乘车前往。到了扎龙，找到王克举老师，即住在梦鹤园摄影基地。这儿离保护区很近，周围都是芦苇，晚上室外蚊子特多，室内还有飞蛾。王老师很热情，吃住都在农家院。

第二天天还未亮，王老师就带我们前往拍鹤。东方刚见鱼肚白，我们就到了鹤乡。不一会仙鹤在芦苇丛中出现在我们面前。我怕光线不够，举起相机瞄准仙鹤照了几张，当太阳刚要露出地面时，我紧张极了。仙鹤在慢慢移动，千姿百态在表演，太阳在慢慢升起，在这最佳时刻，我照了这个又照那个，忙得不亦乐乎，直至太阳升至竿头，我才松了口气。回到驻地，检查一下战果，初次出师和丹顶鹤"交火"，战果还算可以。我赶快总结经验，请教老师以利再战。吃完早饭又进园了，看到仙鹤，不管远近都要来几张。当饲养员打开笼门放飞是精彩紧张的一幕——仙鹤都争先恐后向前冲，在饲养员引导下个

个展翅高飞,在茫茫绿色草原上,在蔚蓝色的天空下自由盘旋翱翔,啊!好一幅"碧水蓝天鹤飞翔"的画面!我的镜头跟着群鹤转动,我又照又摄,真有手眼不够用之感。等到它们在草原或溪旁一个个降落时,千姿百态更是喜人,手眼更是忙个不停,广大游客和摄影爱好者都赞叹不已,真是大饱眼福!

初次到扎龙拍仙鹤,在王克举老师指导下收获是不小的,十几天早出晚归,与日出日落同行,与仙鹤相伴,感谢丹顶鹤把我呼唤到此,给我留下美好的印象,希望以后再来!

三九再次去扎龙

2008年1月10日—20日

2007年8月到东北扎龙拍摄丹顶鹤,给我留下了既深刻又美好的印象。对自古以来象征着幸福、吉祥、长寿、忠贞的丹顶鹤有了进一步的认识,更加喜爱,感到更应该保护它、歌颂它、照好它。又听说冬季在冰天雪地里照丹顶鹤更佳,所以又梦想何时冬天再去扎龙一趟呢?到了2008年1月,"三九"季节,我这个一人吃饱全家不饿的老头儿又想去扎龙了。我知道冬天东北特别冷,我想只要认真对待,冷又怕啥呢?我备好了羽绒衣,孙女爱华给买了羽绒

裤,女儿给买了厚绒帽、围巾、棉鞋,我把皮手套右手食指开了个口,以备按快门时伸出来。给相机做了"小棉被",全副武装备齐了,和扎龙的王克举老师联系好,和孩子们打好招呼,马上买了车票,带上长枪大炮和新买的佳能1D MARK III相机,我这个年近八旬的老头儿单枪匹马又去了扎龙。坐火车出关后往窗外一看,确实不一样啦,越往东北走越冷,真是冰天雪地啊!

到了扎龙,我还是住在王克举摄影基地,吃住条件比上年好了许多,室内很暖和,没有蛛网飞蛾

了，室外蚊蝇也都冻死了，王老师和李济深老师带着我们几位影友还是早出晚归地拍摄，在零下30多度的冰天雪地里寻找丹顶鹤的身影，在日出和晚霞时刻拍下了可爱的丹顶鹤。它们有的金鸡独立，有的撒欢嬉戏，姿态万千，此情此景令人难忘。我到北京快60多年了，从未穿戴过这么厚棉衣、棉裤、棉鞋、还有棉帽子，就这样，手脚还都冻麻木了。待收拾好家伙回营时，手脚都不听使唤了，有的影友抱怨天气太冷，电池不够用，充满电照不了几张就不行了。我很幸运刚买的相机充满电可以照一整天，虽冻得要死，但看看丰硕的果实，也是高兴得要命啊！

三次去扎龙

2011年7月28日—8月10日

　　2011年8月，得悉数码摄影家协会，潘松毅老师组织摄影爱好者去东北拍丹顶鹤和东北虎，对我来说无疑是一大好的消息，虽两次去扎龙拍丹顶鹤，但还没有秋天去过，没有拍到小丹顶鹤！虽已到耄耋之年，仍然自我感觉良好，急忙稍作准备马上买票，带上设备，又是单枪匹马前往扎龙。

　　上午到达集合地点齐齐哈尔，人还没到齐，我迫不及待地冒雨打车前往扎龙，看看我三年不见的老朋友——丹顶鹤。真是天助我也，到了扎龙雨过天晴，蔚蓝的天空飘着朵朵白云，成群的丹顶鹤正在翱翔，还有的在觅食，我赶紧掏出相机不停地点射、扫射，旅途的疲劳和饥饿早已抛到九霄云外了。第二天潘老师带着我们在保护区来回寻找丹顶鹤的身影，并指导我们如何能拍得更好。忽然在山坡上芦苇丛中发现两只野鹤神形优美，不时引吭高歌，实在迷人，大家不约而同地"咔咔咔"猛摄一阵。在保护区工作人员的大力配合下，我们照到了幼鹤亲吻逗人的精彩镜头和夕阳西下秋色宜人芦苇丛中仙鹤之恋的美景，真是不虚此行，令人难忘！

丹顶鹤放飞　黑龙江扎龙自然保护区　2008.01.13

日出如诗如画　黑龙江扎龙自然保护区　2008.01.14

仙鹤观日出　黑龙江扎龙自然保护区　2008.01.14

鹤群　黑龙江扎龙自然保护区　2007.08.14

（左）晨曲　黑龙江扎龙自然保护区　2011.06.09

两小无猜　黑龙江扎龙自然保护区　2011.06.08

日出高歌　黑龙江扎龙自然保护区　2008.01.14

云海仙子　黑龙江扎龙自然保护区　2007.08.13

蓝天白云间　黑龙江扎龙自然保护区　2011.06.09

示威　黑龙江扎龙自然保护区　2008.01.13

（右）引颈高歌　黑龙江扎龙自然保护区　2011.06.09

清晨觅食　黑龙江扎龙自然保护区　2007.08.11

迎着朝阳　黑龙江扎龙自然保护区　2008.01.11

别追啦　山东荣成烟墩角　2009.02.07

荣成天鹅

大天鹅也叫白天鹅，体长有155厘米，体重约10千克，飞行高度可达9000米，能飞越世界屋脊珠穆朗玛峰。在中国、蒙古、俄罗斯、日本、朝鲜等国家都有分布，在我国东北、华北、西北等十几个省份也都有分布。它们主要生活在开阔的食物丰富的浅水域，湖泊水库池塘，以水生植物为食，也食些软体水生动物。它们喜欢群居，迁徙或活动时都是以家族为单位。

山东荣成沿海北起成山头南至石岛湾，有十多处适合大天鹅栖息越冬的湖泊。每年冬季都有成千上万只大天鹅携儿带女从西伯利亚飞来。这些越冬地中尤以烟墩角最受大天鹅的青睐。这里环境优美，有山有水，人们对大天鹅非常友好。不知有多少年了，在这个古老的渔村烟墩角，大天鹅和人类和谐相处。

烟墩角拍天鹅

2006年12月3日-2012年3月15日（6次拍摄之旅）

2006年12月，我看到《摄影与摄像》杂志登载了烟台顾晓军同志在威海拍摄大天鹅的报道，很向往，我当即通过杂志社与顾晓军取得联系。我匆忙做些准备即前往烟台，见到顾晓军很高兴。他很热情，马上开车，带我们顶风冒雪，赶赴烟墩角天鹅湖。我第一次见此场景——茫茫大海，无数千姿百态的大天鹅，一时不知所措，因没有经验，只好瞄准天鹅乱照一阵，快门按个不停。初次去呆了两天，虽有收获但不太理想，我总结经验，请教他人，以利再战！

威海地区荣成市的烟墩角村是个依山傍海、景色秀丽的小渔村，东临黄海，南依石岛湾，村子不大，有500来户人家，这里的人们敦厚善良，住的房子大都是厚厚的渔草顶的草屋，很有特色。每年11月中旬开始有成百上千只大天鹅从西伯利亚飞来越冬，次年3月成群结队陆续飞走，在烟墩角海湾，无数天鹅飞来飞去，起飞降落，互相追逐打闹，觅食戏水……太吸引人了。这里是拍摄天鹅的最佳地方，每当日出日落时，那朝霞和晚霞中的天鹅更显得靓丽。每年冬季，有大批游客和摄影爱

好者来到烟墩角，我这个摄影发烧友更不甘落后了。近十年来，我背着相机，先后前往烟墩角六次，照了不少精彩的照片，做成了展板；也录了不少视频，做成了光盘，受到观众的好评。我每次去都是住在"摄影之家"花大姐家，他们一家对我都很关心，渔村菜是以鱼为主，吃饺子都是鱼肉馅的，因我得过痛风病不敢多吃，就专门给我包素馅的。严冬在海边拍摄，退潮时两次不慎摔进海水里，万幸相机和摄像机都未摔坏。虽然辛苦，但看到硕果累累，那份喜悦的心情也是无法形容的啊！

　　每年11月中，有无数大天鹅在水中嬉戏，觅食梳理，一会儿一家远走高飞，一会儿一批从远方飞来，还不时发现这家和那家争吵不休，甚至在水中互相追逐厮打。这一幕幕精彩画面实在喜人。所以每年冬季这里便吸引了大批游客尤其大批摄影爱好者光临创作，无数长枪短炮对准海面或天空的大天鹅，不停地按动快门。烟墩角的老乡们大都姓曲，他们热情好客，岸边不少人家都挂上"某某摄影之家"或"摄影创作基地"的牌子，热情接待远方来的客人。这里吃、住、交通都很方便，确实是摄影爱好者拍大天鹅的好去处。我这个拍摄野生动物近于"痴呆"的老人，从2006年至今已去过六次了，连拍带摄收获确实不小。

一家子从远方飞来　山东荣成烟墩角　2009.02.07

日落西山 飞回海湾过夜　山东荣成烟墩角　2006.12.05

留恋夕阳　山东荣成烟墩角　2009.02.06

90

一唱一和　山东荣成烟墩角　2008.02.15

起飞 山东荣成烟墩角 2008.02.16

(左) 集体进餐 山东荣成烟墩角 2008.02.16

迎风起航 山东荣成烟墩角 2009.02.09

（右）逐 山东荣成烟墩角 2009.02.09

94

母子情深　山东荣成烟墩角　2009.02.06

翱翔　山东荣成烟墩角　2009.02.09

仪仗队　山东荣成烟墩角　2008.02.16

精心梳理　山东荣成烟墩角　2009.02.07

倾心　山东荣成烟墩角　2009.02.07

自由飞翔　山东荣成烟墩角　2008.02.06

六只宝宝都出生了　北京圆明园　2008.04.28

圆明园黑天鹅

　　由于生态环境不断优化，尤其水环境不断改善，北京圆明园吸引了越来越多的鸟儿光临。

　　黑天鹅原产澳大利亚，是世界著名的观赏珍禽。2008年2月，圆明园不知从哪里飞来两只黑天鹅，在圆明园狮子林遗址水域里筑巢产卵孵化，安家落户繁衍生息。2008年4月第一窝孵化出6只，11月第二窝又孵化出8只。但成活率不高，不是所有小天鹅都能成活。黑天鹅父母共同孵化并抚养小天鹅，但待到小天鹅能够飞翔了，父母就会把它们赶走，就不让它回来啦！据说圆明园黑天鹅8年来已生了9窝。圆明园黑天鹅有专人护理，黑天鹅观赏区现已成了圆明园一景，每天都有大批游客前往参观。

黑天鹅拍摄记

2008年2月18日—12月20日

圆明园自从2008年2月飞来两只黑天鹅安家落户后，便吸引了越来越多的游客光临，广大摄影爱好者也都闻讯赶来拍摄。我这个野生动物摄影发烧友更不例外了，我又有得天独厚的条件——首先离圆明园还算近，乘车方便，出家门乘车直达圆明园大门口，其次我乘车不要钱，进大门免费。所以，我就经常进出圆明园拍摄，大门口的检票员和保护天鹅的志愿者也就都认识我了。

黑天鹅在圆明园狮子林湖面筑巢、产卵、孵化，到小天鹅出生、游水、飞翔全过程我都一一记录下来。在黑天鹅产卵前，两只天鹅天天忙着共筑爱巢，一只在寻找、搬运材料，一只精心施工。分工明确、配合协调，工程进展顺利。待窝筑好了，母天鹅进窝产蛋，公天鹅在周围巡逻，在孵化期，两只天鹅轮流孵化。在交接班时更是感人，来接班的天鹅对趴窝的天鹅亲吻交流，好像说："亲爱的，你辛苦啦，我来接班了"。在孵化期，我看到，过一段时间天鹅要起身用嘴把蛋上下翻滚一遍，可能是怕蛋受热不均匀。第一窝孵化时，我趁天鹅在翻转的时候，抓拍到几个镜头。我高兴地告诉大家，有6只天鹅蛋，有的说4只，有的说5只。待了大约40天，到4月底，小天鹅一个一个都陆续破壳了，果真是6只天

真活泼的小天鹅。我们大家都高兴极了。小天鹅刚出生，第一次见到世面和初次下水跟它妈妈游玩，那天真可爱的形象太美了，此时此刻我这个老头儿又照又摄真忙得不亦乐乎！到了八九月份，小天鹅慢慢长大了，在湖中戏水练习起飞降落，那精彩的瞬间也很喜人。影友们都等待小天鹅能一起飞向蓝天。一天，不少游客和影友正在围观6只长大了的小天鹅在湖中戏水，过了一会儿好像小天鹅听到一声令下，突然展翅高飞在圆明园上空盘旋。

在圆明园我照了不少黑天鹅的镜头，它给我带来乐趣，也让我获得了健康。我想与大家分享，于是挑选了30多幅照片赠送给圆明园管理处。没想到他们在"圆明园欢迎你"网站上发表了题为"七十九岁老人无偿捐赠黑天鹅照片三十六幅"的报道。我非常感谢圆明园管理处对我的鼓励，这是我应该做的。

6只小天鹅慢慢长大了，翅膀越来越硬了，能逐渐独立生活了。没想到当它们再飞回来时，大天鹅不欢迎了，甚至要把小天鹅赶跑，让其远走高飞。更没有想到的是，两只黑天鹅到了10月份又趴窝了。根据大家的观察推测、计算，到11月二十几号第二窝小天鹅就要降生了。不少影友天天去等待，我也不例外。11月23日那天，我因事去晚了，到中午11点才匆匆忙忙吃了点东西乘车前往，到圆明园东门下车后，因太着急了，一不小心被马路牙子绊倒。我背着沉重的摄像

包，很长时间没有爬起来。后来一位陌生人把我搀扶起来，我走不了路，一看左腿膝盖大面积淤血肿起来了。我扶着树活动了一下，感觉没有骨折，就慢慢一拐一拐地忍痛走到圆明园东门里狮子林黑天鹅的活动区。我跟影友一说路上摔倒了，大家都劝我回家休息，到医院检查，而我看到黑天鹅第二窝正要出生的情况，怎舍得离开呢，就忍痛坚守阵地。等照到小天鹅出生的镜头就忘记了腿的疼痛，别提多高兴了。太阳快下山了，站了约两个小时，左腿弯曲不了，走不了路了。一位影友见此情况，要开车送我回家。他帮我背着摄影包，扶着我慢慢走，扶我上了汽车。送到我家单元门口，我又下不来汽车，影友又把我搀扶着送到家中，真狼狈极了。影友没留姓名和电话就走了，后来经多方查找未果，我感激的心情真是无以言表。

黑天鹅第二窝还没完全孵化出来啊，第二窝到底有几只小天鹅？我一直在惦念着，第二天我自感影响不大，痛能忍受，再经医院检查骨头没伤着，我也就放心了，怎么办呢？牵挂小天鹅的心始终放不下，经反复考虑，因行走确实不便，乘车也不便，便请老朋友王昆明开着三轮车到家来接我，送我到圆明园去照黑天鹅。后来大女儿知道了也接送我去圆明园，关键的几天我坚持住了。我拍摄到了第二窝8只小天鹅，当我看到两只大天鹅带着8只小天鹅在水中游，在冰上走，喜悦的心情真无法形容啊！

2009年3月我去深圳，向深圳市老年摄影学会汇报我在圆明园跟踪拍摄黑天鹅的情况，受到张会长和影友的称赞，没想到张会长还挑选了60多幅黑天鹅照片进行放大，后在深圳福田区艺术画廊展出，受到观众的欢迎，对我也是极大的鼓励。张会长在影展前言介绍了我的拍摄经历，他写到："……看到这些黑天鹅的图片，让我们会想到曾老的一片热诚之心，也让我们想起他的名字和那个成语：铁骨铮铮"。

黑天鹅飞临圆明园　北京圆明园　2008.12.13

情投意合　北京圆明园　2008.04.02

共筑爱巢　北京圆明园　2008.11.29

精心孵化　北京圆明园　2008.04.22

宝宝初见世面　北京圆明园　2008.04.26

湖中觅食　北京圆明园　2008.11.14

妈妈最爱我　北京圆明园　2008.04.29

跟着爸妈下水啦　北京圆明园　2008.04.29

初航 北京圆明园 2008.04.29

和睦　北京圆明园　2008.11.25

关注　北京圆明园　2008.10.31

专心上课　北京圆明园　2008.04.29

（左）嬉水　北京圆明园　2008.09.10

举家出游　北京圆明园　2008.12.11

护航　北京圆明园　2008.12.03

慢慢长大　北京圆明园　2008.05.31

志在高远　北京圆明园　2008.11.16

湖中试飞　北京圆明园　2008.9.10

野趣天地

　　爱上野生动物摄影十多年了，我除去到过动物王国东非肯尼亚外，到过大天鹅之乡荣成烟墩角、鹤乡扎龙、大熊猫故乡四川，还到过东北虎乡、威海海驴岛、洋县朱鹮自然保护区、香港猴山拍摄动物。此外，北京动物园、八达岭野生动物世界、深圳野生动物园、北京圆明园等地，我更是常客。

　　野生动物的千姿百态实在令人喜爱，多年来对各种野生动物的观察，了解，使我感觉到它们在亲情友情爱情方面表现是丰富多彩的，我克服了种种困难，拍摄了它们的精彩瞬间。祖国大地从南到北，从东到西野生动物千千万万，我抓拍到的可说寥寥无几，但拍摄带给我很多美好的感受，可谓无限乐趣，感到非常满足——神州大地任吾行，野趣摄影乐无穷。珍禽猛兽眼底收，讴歌生命永不停。

东北虎乡拍虎

2011年6月12日

2011年6月，我们摄影团队从扎龙带着丰收硕果和喜悦的心情到哈尔滨转程赴东北虎乡——海林市横道河子。据说这条铁路是以前俄国修建的，连站名都有点洋味，沿途车站造型大都是苏式的。我们进入了深山老林，听说著名电影《智取威虎山》就是在这里拍的。我们到了横道河子，下车后没有休息，立即坐汽车进入保护区。好大的东北虎群迎面而来，扑向旅游车来索取食物。距离太近了，"大炮"无用武之地，照了几张也不理想。等到了安全地带，我们下车去寻找东北虎的靓影，抓拍那稍纵即逝的精彩瞬间。我们个个精神抖擞，揣着"大炮"在虎乡山林里找寻虎的各种形态，我看见老虎有的正要下山，有的在打闹，有的池边饮水，有的在山林里奔走，我不停地瞄准按下快门。为拍摄到幼虎的可爱活泼镜头，在导游的带领下，我们穿过低矮的墙洞，走到幼虎区，饲养员抱出四只虎仔，在草丛中它们尽情的玩耍、打闹，大家一阵紧张地"点射"。夕阳西下，我们依依不舍地离开虎乡，这里风景优美，蓝天白云，林海无边，在即将离开这美好难忘的虎乡时，大家纷纷合影留念。

海驴岛拍摄记

2007年7月30日

　　2007年初在威海烟墩角拍大天鹅时，听说山东半岛最东边，成山头北边有个海驴岛，夏天岛上鸥鸣鹭跃，景色怡人，游客络绎不绝，海边还有一处野生动物园，对我来说是一喜讯。到了夏天，2007年7月，我坐车前往，首先到栖霞野生动物园，此园是依山临海而建，虽小但动物种类不少。

　　为拍到鸥鸣鹭跃的精彩镜头，我坐船登上海驴岛，岛上山路崎岖，野草丛生，首先看到的是无数海鸥在大海上空飞舞，落在礁石上乱鸣。我边走边照，因不熟悉地形，稍有不慎就有可能掉进海里。有人不断提醒我：注意前方是悬崖峭壁啊！我在岛上待了半天，照了不少海鸥镜头，唯独未见白鹭，后来才知道白鹭在另外几个山头。原来它们各霸一方，一般游客是不易看到的。我向管理人员说明来意，才让我过去。我趁海浪退回瞬间迎着海水过去，衣衫都打湿了，看见了白鹭在东山头来回飞跃。我一人不敢再前进了，趴在一块礁石上，海浪不断打来，正好是夕阳西下，光线甚好。我瞄准这处山头上的白鹭任凭风吹浪打，只顾拍摄，忘掉了一切，也根本没有想到自己是年迈的老头子，因怕赶不上末班渡船，只好恋恋不舍地离去！

洋县拍朱鹮

2012年10月12日—18日

2012年5月，爱鸟周31周年，经中国野生动物保护协会推荐，我带着50多块展板前往深圳举办爱鸟周摄影展。在展览期间，有观众问我，这么多鸟类照片为啥没有朱鹮呢？我当时不知如何回答。他接着说他的家乡陕西汉中洋县有朱鹮，欢迎前往。我说"谢谢，一定去"。后来我查了资料才知道，朱鹮号称"东方宝石"，原认为已灭绝，1981年在陕西洋县发现了7只朱鹮，受到国家和世界的关注。

2012年6月，我回京后，经中国野生动物保护协会介绍，与洋县保护区取得联系。10月初，我和小张同志便前往洋县。经保护区同志介绍，第二天我们租车到郊野山林里、湖泊旁、稻田间寻找朱鹮的身影。在搜索中，突然发现远处有几只朱鹮在稻田里觅食。我怕惊动它们，从山坡玉米地绕过，又跨越草丛中一道水沟，不慎掉进水沟里，鞋袜全湿，满脚是泥！所幸相机无碍，我哪顾得这些，揣着相机继续弯腰前进，正准备"开炮"时，朱鹮腾空飞去，遗憾至极，只好驱车继续追寻。真不顺，在倒车的时候小车后轮又掉进水沟里，几位老乡帮助抬起，真是有点出师不利啊！

在洋县待了三四天，天天早出晚归，驱车在野外寻找朱鹮，后来发现在山坡树林、河边湖泊草丛中、稻田里都有朱鹮的身影，有的在觅食，还有的在嬉水，尤其在起飞或降落时，张开粉红色的翅膀更是美丽。待日落时，朱鹮从四面八方三五成群飞回山林。我怕惊动它们，把红衣外罩翻过来穿，把白色的长焦镜头也用野草隐蔽，在山脚下渔塘旁，把这难得一见的场景一一记录下来。后两天又来到了朱鹮生态园，有圈养的，还有半野化训练场，来回飞舞的朱鹮千姿百态，遗憾镜头还短了点，天气也不太好。园区员工对我这远方来的耄耋老人太客气了，中午还请我们吃了便饭，太感谢啦！

荷塘情深组照

2012年6月27日

　　小燕子吃活食，刚会飞时不会觅食，还得母燕觅食来喂它。2012年6月的一天，在圆明园照了一天，我是又累又渴。小燕子在荷塘飞来飞去动作很快，很难抓拍到，五点多了，有的影友准备撤退了。此时又飞来几只小燕子，在荷花尖上等大燕子来喂食，我抓住机会咔咔一阵拍摄，回家在电脑上一看，真是高兴极了，为这组照片取名"荷塘情深"。

校园鸟趣

2014年11月

　　在北京邮电大学的校园里，教三楼和教四楼之间路两旁有22棵柿子树，这是1958年北邮教职工到京郊昌平县黑山寨劳动锻炼返校时，老乡送给我们的。57年了，柿子树早已长大结果，每到秋天，树上挂满了金黄色的柿子，实在好看喜人。到了深秋，柿子熟了，树梢上的果子成了鸟儿的美食。每到11月中，灰喜鹊、喜鹊，还有啄木鸟小麻雀等鸟儿便光临觅食。在那蔚蓝色的天空下，树梢上金黄色的柿子被阳光一照，显得格外美丽，鸟儿上下飞舞其间，有的猛吃一顿，有趣极了。更有趣的是，我看到一只啄木鸟，先把一个柿子叼破吃一阵飞去；接着飞来两只灰喜鹊对着啄木鸟叼破的柿子猛吃一阵。它飞走了，又飞来几只小麻雀接着吃。这几年每到这个季节，我常常带着"大炮"和"机枪"早早光临，等鸟儿飞来时，我常常是东一阵"枪"西一阵"炮"，有时还得转移阵地，把我忙得不亦乐乎！有时太阳下山了，路灯都亮了，我才收拾家伙慢慢拉着回家。说不累是假的，但谁又能体会到这个"傻"老头儿摄影的乐趣呢！

金色羚牛　北京八达岭野生动物世界　2006.09.17

雪后"飞虎"　北京动物园　2011.02.13

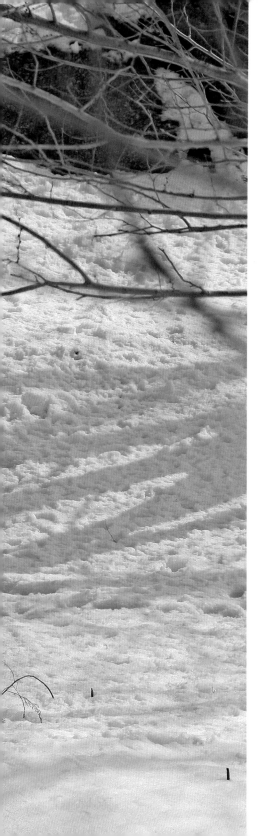

虎威　北京八达岭野生动物世界　2012.03.13

雄虎和雌虎　北京八达岭野生动物世界　2012.03.19

虎兄虎弟　黑龙江横道河子东北虎林园　2011.06.12

小猴　深圳野生动物园　2006.07.08

共享家园　北京八达岭野生动物世界　2006.12.08

长臂猿的一跃　广东深圳野生动物园　2010.05.18

长臂猿一家　广东深圳野生动物园　2010.05.22

林中炫技　广东深圳野生动物园　2010.05.23

"东方宝石"朱鹮　陕西洋县朱鹮自然保护区　2012.01.13

142

朱鹮照"镜子"　陕西洋县朱鹮自然保护区　2012.01.13

开屏 广东深圳野生动物园 2007.01.22

极致华丽 广东深圳野生动物园 2007.01.22

共筑爱巢　北京光大花园小区　2011.03.09

北红尾鸲觅食　北京圆明园　2009.01.10

鹈鹕　广东深圳野生动物园　2005.06

节尾狐猴一家　　山东荣成西湾口野生动物园　2007.07.10

野鸭的舞台　北京圆明园　2015.08.08

荷塘鱼趣　北京圆明园　2008.06.24

鸟趣　北京圆明园　2010.08.15

哺育　北京圆明园　2012.06.27

海驴岛鸥鸣　山东威海海驴岛　2007.07.14

群鸥飞翔　山东威海海驴岛　2007.07.14

晚霞鹭影
广东深圳红树林海滨
2007.01.27

红日照海鸥　河北秦皇岛海滨　2006.10.20

影展纪实

有人说：人老了各有各的活法，没有一定之规，要干你喜欢干的事情，如果所从事的工作有益于社会那就更好。我亲身的体会确实如此。有益于社会，我想首先要有益于健康，诸如唱歌跳舞、弹琴书画，还有摄影等等无一例外，既有益于健康，又有益于社会。我还想，人老了，多少还应当有所追求，要把所干的事请尽量做得更好，我是这样想也是这样做的。当我第一次把相机对准野生动物时没有想很多，第一次把野生动物照片放大10吋贴满客厅墙上时（也算是我第一次野生动物摄影展吧！），也没想太多，只是感到好玩，图个乐趣，自我欣赏罢了！我曾自题诗写道：

神州在飞变，

夕阳美无限。

陋居成展厅，

自乐天地间。

我根本没想到后来能去上海世博会，能到大熊猫故乡四川大学举办大熊猫摄影展。我是在亲朋好友、广大观众、各级领导尤其是在中国野生动物保护协会领导的关怀鼓励下，大胆走出家门，走出校门，走向社会的。大家亲切热情的话语也深深地感动着我这个老头儿，使我逐渐认识到我所从事的野生动物摄影是有益于社会的。所以，我现在大部分时间、精力和财力几乎都投入到摄影了，我获得了健康和乐趣，也得到大多数人的认可，我高兴极了，我无怨无悔！

近几年，我在北京和外地共举办摄影展20多次，包括在学校、敬老院、社区、军营等，受到大家的欢迎。今后除在网上发表作品外，我还想继续多举办几次摄影展，给大家送去欢乐，让更多的人都来关爱野生动物和生态环境。

2010年10月在上海世博会大熊猫馆展厅与上海小学生合影

致谢

从我开始拍摄野生动物至今已经有十余年的时间了，这十多年的摄影经历带给我很多快乐和感动，可以把这些感受与亲人和朋友分享真是一件令人高兴的事。在十几年里，我得到了很多无私的帮助和鼓励，对此我内心充满感激。

我非常感谢北邮离退休工作处的领导以及北邮老年摄影协会对我的帮助，更不能忘记的是北邮老年摄影协会的前身——北邮老年摄影组。1999年初，当我提出要筹建北邮老年摄影组时，马上就得到了科处领导的大力支持。在一开始的几个人中，云大年老师、王晓善及其他几位同志对摄影组的筹建发展，起到了积极的作用。当时在眷27楼地下室的最底层，我们因陋就简筹建了摄影工作室，灯光、背景布、道具等样样备全，还购置了压膜机、裁剪机等设备，我们每次举办摄影展所使用的展板都是利用废料自己制作。我们还多次拍了室内人像摄影，并配合老干部登山队积极开展工作。每每说起那段经历都是那么令人难忘。

在野生动物摄影方面，首先要感谢深圳市老年摄影学会张之先会长、刘美智老师、梁京老师及罗荣陶老师的热情鼓励和指导。还有一件事使我不能忘怀：2005年著名野生动物摄影家奚志农老师在一次摄影比赛讲评中给予我鼓励和指导，使我勇敢地走向野生动物摄影之路。

我之所以能走出家门到祖国各地，乃至去到非洲拍摄各种珍禽猛兽，并多次举办野生动物摄影展，要特别感谢中国野生动物保护协会尹峰处长和国家林业局野生动植物保护与自然保护区管理司（简称保护司）的张云毅处长。十多年来，我在中国野生动物保护协会和国家林业局保护司推荐和介绍下所进行的拍摄活动，得到很多单位的大力支持及单位员工的密切配合，包括中国保护大熊猫研究中心、成都大熊猫繁育基地、深圳野生动物园、北京圆明园、北京动物园、北京八达岭野生动物世界、黑龙江扎龙自然保护区、黑龙江横道河子东北虎林园、山东威海大天鹅之乡荣成烟墩角、陕西洋县朱鹮自然保护区、上海野生动物园世博会大熊猫馆、秦皇岛野生动物园等。影展活动得到了北京邮电大学和世纪学院、深圳园博园、深圳南油小学、北京金彩艺术图书馆、北京太平庄和蓟门里社区、柳荫街社区、解放军武警连队、四季青敬老院等单位的大力支持。在此，我对这些单位的领导和员工深表谢意！

很多领导和书法家为我的野生动物摄影题字，令我深受鼓舞。尊敬的老首长迟浩田同志为我题写"曾铮野生动物摄影集"和"保护野生动物，建设美丽中国"。中国野生动物保护协会赵学敏会长、当代著名书法家辛希孟老师、北邮老校长叶培大教授，以及晨崧老师、张宏发老师、龚益善老师都曾为我题字。还有，中国野生动物保护协会秘书长藏春林，为我2013年制作的影集《为生命讴歌》写了序言。非常感谢这些领导和老师对我的鼓励。

感谢国家林业局保护司张希武司长和深圳市老年摄影学会张之先会长为本书作序。感谢中国林业出版社的田红老师和黄华强老师在本书策划、设计和出版过程中的付出。还要感谢中国林业出版社的其他领导和同志，尤其是邵权熙总编和责任编辑肖静对本书的支持。感谢北京邮电大学7214班的老同学武素芬，在本书编校的关键时刻给予帮助。

最后我永远不能忘记的是我的老伴张荣田，她生前长期患病，对于我摄影工作仍然给予理解和支持，在生活困难期间还批准我购买了较高级摄像机和照相机。我四个女儿全家对我生活上十分关心，工作上十分理解和支持，经济上大力资助。张四英同志这几年对我生活上关心照顾，使我有更多时间投入摄影工作，外出摄影时对我帮助也很大。感激的心情很难一一细说。

还有诸多亲朋好友对我有过帮助，我都深深感谢，永不忘怀！我要争取健康地再多活几年，再多照几年，照得再好一点，让更多的人来感受我的摄影乐趣。愿有更多的人，都来关爱野生动物，保护生态环境，为建设美丽中国多做贡献！

2015年12月